AF555649

MÉTHODE MARTIN et LEMOINE

AVEC LA COLLABORATION

de MM. BAUDRILLARD et FENARD

INSPECTEURS DE L'ENSEIGNEMENT PRIMAIRE A PARIS

DEUXIÈME LIVRET DE LECTURE

PRONONCIATION. — ARTICULATION. — ÉCRITURE

Histoires sans paroles. — Conversations sur Images
Petites lectures courantes illustrées.

CINQUANTE-SIX GRAVURES

Adopté par la Ville de Paris pour les Écoles et porté sur les listes départementales.

PARIS
Librairie d'Éducation nationale
ALCIDE PICARD, ÉDITEUR
18 ET 20, RUE SOUFFLOT, 18 ET 20

REVISION DES ÉLÉMENTS DU PREMIER LIVRET

u-i-t o-a-d e-é-è-ê n-m v-p

r-s-ç l-b j-g z-f c-q-k-x

et-est eu-eux an-en gu-qu ch-ph

a e i o u é è ê

a e i o u é è ê

a b c d e f g h i j k l m

a b c d e f g h i j k l m

n o p q r s t u v x y z

n o p q r s t u v x y z

v u s l o c i j

V U S L O C I J

v u s l o c i j

V U S L O C I J

1 2 3 4 5 6 7 8 9 10

11 12 13 14 15 16 17 18 19 20

y–es

: **y** y

Nid. 

1. **my-ny vy-py ry-sy ly-by zy-fy**
2. *my-ny vy-py ry-sy ly-by zy-fy*
3. ly re, ty pe, to my, Ré my, Va lé ry, Syl vie.
4. To my a re çu de Va lé ry u ne jo lie ly re.
5. *La dy na mi te a dé mo li la py ra mi de.*

: **es** es

Procès.

6. **les mes tes ses des ; tu es**
7. *les mes tes ses des ; tu es*
8. la ta ble, les ta bles ; ma tan te, mes tan tes.
9. du blé, des blés ; le ja rret, les ja rrets.
10. *Ar man de, tu es for te, es-tu bon ne ?*

LECTURE ET ÉLOCUTION SUR L'IMAGE.

Les Py ra mi des.

Ré my a é le vé deux py ra mi des à cô té des sy co mo res. Une des py ra mi des a é té dé mo lie par To my. To my a dé mo li une des py ra mi des é le vées par Ré my à cô té des sy co mo res.

Conversation sur l'image. — Qui est Tomy ? — Qui est Rémy ? — Où sont les sycomores ? — Voyez-vous les pyramides ? — Laquelle est démolie ? — Comment Tomy l'a-t-il démolie ? — Combien apercevez-vous de maisons ? — Ont-elles l'une et l'autre une cheminée ? etc....

(a) au-eau

o : **au** 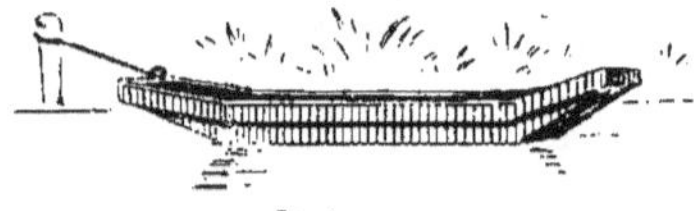 *au*

Bateau.

1. **jau-gau zau-fau cau-xau chau-phau**
2. *jau-gau zau-fau cau-xau chau-phau*
3. au be, au tre, au ssi, fau te, tau pe, jau ne.
4. gau che, frau de, ma rau de, pré au, glu au.
5. bau det, pau vret, gau fre, flé au, gau che.

o : **eau** *eau*

6. teau-deau neau-meau reau-seau
7. *teau-deau neau-meau reau-seau*
8. seau, peau, veau, ba teau, ri deau, ca veau.
9. man teau, to nneau, bu reau, cor deau, châ teau.
10. ca rreau, mar teau, cha peau, pru neau.

EXERCICES DE PRONONCIATION.

11. **au-eau** : nau-meau vau-peau lau-beau
12. **eau-au** : mau-neau pau-veau bau-leau
13. *Le tau reau a sau té le rui sseau.*

A na to le. *A na to le.* A dol phe. *A dol phe.*

(a) Écrire au tableau l'élément **au**, puis le même élément précédé d'un **e**, et faire remarquer que ces deux formes représentent le même son.

-es et-est eu-eux an-en au-eau

1. Sa rrau, car peau, lan dau, bi ga rreau, ra deau.
2. La li queu r chau de de mau ve a gué ri Clau de.
3. Il a re çu en ca deau du châ teau un beau man teau.
4. Tu es bo nne, Pau le; do nne du gâ teau au pau vre.
5. Le pa sse reau a peu r des gri ffes du cor beau.
6. *Le bau det en tê té a ca ssé le cor deau.*
7. Clau di ne est a llée sur le co teau en lan dau.
8. Le chau ffeu r est sor ti en cha peau dès l'au ro re.
9. Le tau reau a bu au ssi de l'eau du rui sseau.
10. Le che vreau a mâ ché les fleu rs du su reau.
11. Le ma rau deur s'est ca ssé l'é pau le gauche.
12. *Le beau ra deau flo tte sur l'eau.*

LECTURE ET ÉLOCUTION SUR L'IMAGE.

Le Sau le près du Rui sseau.

aul s'est a cro ché au ra meau u sau le. Le ra meau du sau le est ca ssé ; et Paul s'est é ten-u au beau mi lieu du rui sseau.

Mo reau. *Mo reau.* **Mar the.** *Mar the.*

Note. — Revoir avec soin la récapitulation des éléments étudiés placés en tête des pages.

(a) un-on

un

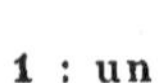
1 : un

un

1. **mun-nun vun-pun run-sun cun-xun**
2. *mun-nun vun-pun run-sun cun-xun*
3. v run, s pun, c run, b run, mmun, i un.
4. l' un, a lun, au cun, cha cun, co mmun.
5. lun di, me lun, au tun, b run, dé fun te.

on

Poisson.

6. **zon-fon jon-gon chon-phon guon-quon**
7. *zon-fon jon-gon chon-phon guon-quon*
8. son, çon, tron, bron, ston, blon, gron.
9. on gle, con te, mon de, fon te, pon ton.
10. ba llon, sa von, char bon, mi tron, ca ra fon.

EXERCICE DE PRONONCIATION.

(b) 11. **un-on** : mun-non vun-pon run-çon.
12. **on-un** : nun-mon pun-von çun-ron.
13. *à Me lun, cha cun a son ba llon*

(a) Insister sur la parfaite prononciation de ces deux sons **un**, **on** ; éviter toute ressemblance avec **in**, **an**.
(b) Veiller, dans cet exercice d'opposition de ces deux sons, à ce que la prononciation en soit la meilleure possible.
Note. — Écrire au tableau le son **un**, le faire lire ; effacer **u**, écrire **o** à la place et faire relire. Exercice en sens inverse.

eu-eux an-en au-eau un-on

1. les uns et les au tres, l'un et l'autre. flu xion.
2. Lun di, Lé on a a che té un bon sa von.
3. Si mé on, à Me lun, a mon té sur un â non.
4. Le pa tron a cha ssé le gar çon fri pon.
5. Cha cun dan se ra sur le ga zon au son du vio lon.
6. *Le po li sson a dé chi ré son ca le çon.*
7. Gas ton est mon té sur le ca non de bron ze.
8. Su zon, en ju pon, s' est mon trée sur le bal con.
9. Ma de lon a ven du un bon me lon et un po ti ron.
10. Le che val brun du dra gon fe ra peur au pol tron.
11. Cha cun a chè te sur le pon ton un sac de ma rrons.
12. *Le fri pon a pi qué Lé on au ta lon.*

LECTURE ET ÉLOCUTION SUR L'IMAGE.

Si mé on le con teur (b)

i mé on est un a gré a ble con-
eur. Il ra con te de jo lis con-
es. Lun di, il di ra à cha cun
n beau con te, un con te sur
es fri pons et les pol trons.

Ni co le *Ni co le.* **Noé mi** *Noé mi.*

(a) Faire au tableau cet exercice de revision : écr re la lettre **n** et la faire précéder successivement des yelles **o, u, a, e** et faire lire les combinaisons formées. Agir de même, avec la lettre **u** en la faisant successement ; récéder de **e, a, ea**.

(b) Obtenir une lecture à peu près courante de l'exercice d'élocution.

Conversation sur l'Image. — Qui est Siméon ? — Que tient-il dans ses mains ? — Combien d'enfants écoutent ? — Combien de garçons ? — Combien de filles ? — Voyez-vous de grands arbres ? — Combien ? — n apercevez-vous des petits ? — Pouvez-vous les compter ? etc....

(a) ill-gn

ill *ill*

Grenouille.

1. **illa-illé illo-illet illeu-illan illy-illon**
2. *illa-illé illo-illet illeu-illan illy-illon*
3. a-illet, a-illo, a-illon, eu-illé, eu-illu, eu-illa.
4. ta ille, pa ille, ba illé, ca ille, ma ille, feu illu.
5. fu ta ille, ba ta ille, mu ra ille, ma illet, ta illis.

gn *gn*

Cygne.

Ligne.

6. **gna-gné gno-gnet gneu-gnan gny-gnon**
7. *gna-gné gno-gnet gneu-gnan gny-gnon*
8. i-gne, a-gné, o-gnon, o-gnu, ar-gné, or-gne.
9. vi gne, ba gne, co gné, ga gna, rè gne, si gna.
10. bor gne, é par gné, ro gnon, ro gnu re, di gni té.

EXERCICE DE PRONONCIATION.

11. **ill-gn** : illa-gno illi-gné illet–gnon illau-gnè.
12. **gn-ill** : gna-illo gni-illé gnet–illon gnau-illé.
13. *Char le ma gne a ga gné la ba ta ille.*

(a) Ces deux articulations ont une certaine ressemblance de prononciation et une grande différence d'aspect. Les enfants les confondent longtemps ; c'est pourquoi nous les avons groupées. Obtenir que la prononciation en soit nette.

j-g c-q gu-qu ch-ph ill-gn

vo la ille, mi tra ille, dé feu illé, tré pi gne, co gnac.
La vo la ille pi co re au mi lieu des feu illes.
A mé dée tra va ille en co re à sa fu ta ille.
Mar gue ri te si gna le re çu de sa mé da ille.
So phie gri gno te u ne bo nne cro qui gno le.

La vi gne mon te con tre la mu ra ille.

Une plu ie de mi tra ille a nnon ça la ba ta ille.
Fé lix tra va ille ; il n'a pas peur qu'on le ra ille.
Le gros mar teau fe ra ja illi r la li ma ille.
A gnès re gar de gui gnol qui co gne et bra ille.
Le cha sseur n'a é par gné au cu ne ca ille.

La feu illée a bri te le ro ssi gnol.

LECTURE ET ÉLOCUTION SUR L'IMAGE.

Le Chè vre feu ille.

est en a vril ; sur le so mmet
la mu ra ille le chè vre feu ille
en fleurs. La pe ti te A gnès,
la de, ré cla me des fleurs.
on, son frè re, mon te sur la
ra ille et a ppor te à A gnès
e bran che fleu rie de chè-
feu ille.

Ecrire au tableau l'articulation **gn**, faire lire ; remplacer **n** par **u** et faire lire à nouveau
onversation sur l'image. — Le mur où monte Léon est-il élevé ? — Combien y a-t-il d'échelons à
elle ? — Y a-t-il beaucoup de chèvrefeuille en haut du mur ? — Savez-vous pourquoi Agnès a une
erture sur les jambes et un oreiller derrière elle ? etc....

ou-in

ou 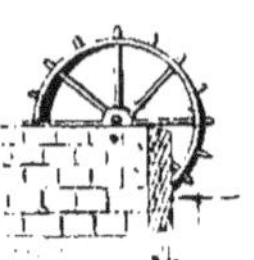 *ou*

Roue.

1. **lou-bou zou-fou cou-xou chou-phou**
2. *lou-bou zou-fou cou-xou chou-phou*
3. i-ou ou-an ou-on ou-eux our trou clou.
4. rou te, bou le, sou pe, cou de, fou le, mou sse.
5. trou pe, sou ffle, tou ffe, four mi, dé tour, a mour.

(a)  **in**  *in*

Moulin.

6. **min-nin vin-pin rin-sin lin-bin zin-fin**
7. *min-nin vin-pin rin-sin lin-bin zin-fin*
8. illin gnin chin blin trin prin crin.
9. sa tin, ma rin, mou lin, pan tin, la pin, ve nin.
10. bou din, cha grin, che min, pin son, jar din.

EXERCICE DE PRONONCIATION.

11. **ou-in** : mou-nin rou-sin lou-bin zou-fin.
12. **in-ou** : nou-min sou-rin bou-lin fou-zin.
13. *Jus tin a goû té du bou din au mou lin*

Aristide Marc. Nièvre

(a) Veiller à la parfaite prononciation du son **in** ; le mettre en opposition avec le son **un** et obtenir pour ces deux éléments une prononciation correcte ; observer le jeu des lèvres : **i** conduit à **in**; **u** conduit à **un**.

u-eux au-eau un-on ou-in

. jour nal, chou crou te, ca illou, cou ssin, ron din.
. La trou pe fe ra le ma tin u ne lon gue rou te.
. La fou le a tour né au tour du ba ssin du jar din.
. Jus tin le ga lo pin a jou é un tour à Flo ren tin.
. Au gus tin dé jeu ne ra de bou illon ou de bou din.

. *Le la pin jou e sur la mou sse au ma tin.*

. Co lin i gno re où se trou ve le gué des mou lins.
. Le ma rin a re trou vé le ca le pin d'An to nin.
. Zé phy rin lan ça un ca illou dans le ra vin.
. Le pan tin tour ne et di ssi pe les cha grins.
. Mar tin sou ffre et pleu re : il s'est co gné le cou de.

. *La pa trou ille pa sse sur le che min.*

LECTURE ET ÉLOCUTION SUR L'IMAGE.

Le che min du mou lin.

n est en é té, la cha leur est an de. Fir min, dès le ma tin, t par ti au mou lin. Il en tre dans fo rêt, se cou che sur la mou- e ; il é cou te le pin son qui an te : il ou blie qu'il va au ou lin. Mi di so nne ; il n'est pas re tour. Sa mè re en é prou ve n cha grin.

ote. — Ecri e au tableau l'élement **ou** et le faire lire : remplacer **u** par **n** et faire lire à nouveau. crire le même élément **ou**, le faire li.e ; effacer **o** qu'on remplace successivement par **a**, **ca**, **e**, et faire les combinaisons formées.

onversation sur l'image. — Où Firmin est-il couché ? — Est-ce près du chemin ? Qu'a-t-il placé à é de lui ? — Que regarde-t-il ? — Apercevez-vous le pinson qui chante ? — Les arbres de la forêt sont-ils s ? etc....

(a) **oin**  *oin*

Poing.

1. **moin poin coin join loin soin foin.**
2. *moin poin coin join loin soin foin*
3. poin te, moin dre, poin çon, join dre, join tu re
4. té moin, re coin, poin dre, ad join te, dis join dre
5. La poin te du poin çon s' est é mou ssée en fin
6. *On en ta sse du foin dans tous les re coins.*
7. **eu-eux an-en au-eau un-on ou-in oin**
8. La cloche, vendredi, a tinté dès la pointe du jour
9. Le gar çon a fi xé l'é tau loin de l'en clu me
10. La for te cha leur du ma tin sé che ra le foin
11. On a de man dé à cha cun de pro dui re un té moin
12. *Le coq crie ra lors que le jour poin dra.*

LECTURE ET ÉLOCUTION SUR L'IMAGE.

Le gué du mou lin.

Sa bin pê che au gué du mou lin. Sur le sa ble do ré grou ille le fre tin. Sa bin an xi eux re gar de la li gne qui flo tte tran qui lle. Le bou chon re mue en fin. Sa bin ti re, et n'a mè ne au cun fre tin. Pour la pê che, Sa bin est-il ma lin?

(a) Écrire au tableau l'élément **oin**, le faire lire; effacer **in**, écrire successivement à la place **u**, **n** et faire lire à nouveau.

Conversation sur l'image. — Apercevez-vous la roue du moulin ? — Et le gué, le voyez-vous ? — Sabin a-t-il un poisson après sa ligne ? — Savez-vous pourquoi il est nu-tête et en bras de chemise ? — Comment est-il chaussé ? — A-t-il les pieds dans l'eau du gué ? etc....

-es et-est gu-qu ch-ph ill-gn oin

LECTURE COURANTE.

Le Char do nne ret.

Qu'il est jo li et mi gnon le char do nne ret à a ca lo tte pour pre et à la ro be ma rron é ma illée d'or ! Il est au ssi un chan teur a gré a ble et dis tin gué.

Il ni che à cô té de no tre de meu re, sur les ar bres de no-tre jar din ou les pla-ta nes de la pro me na de, où il ca che sa cou vée dans la feu illée au mi lieu du fou rré du bos quet.

Il trou ve à l'in té rieur des fleurs du char don sa nou rri tu re pré fé rée.

Il est no tre a mi : il est au ssi l'a mi des cul ti-va teurs.

Cou pa ble est le méchant qui le tour men te ou le tue !

Note. — Ne pas quitter cette page de lecture courante avant que les enfants soient arrivés à la lire aisément, sans hésitation.

Conversation sur l'image. — Apercevez-vous plusieurs oiseaux ? — Sur quoi l'un est-il perché ? — Que fait-il en ce moment ? — Combien comptez-vous de fleurs de chardon ? — La maison que vous voyez est elle habitée ? — Les fenêtres sont-elles munies de volets ? — De quoi le mur de cette maison est-il tapissé ? etc....

(a) oi-oy

oi  *oi*

oie.

1. **joi-goi zoi-foi choi-phoi illoi-gnoi**

joi-goi zoi-foi choi-phoi illoi-gnoi

3. voi là, poi re, toi le, soi f, poi l, soi r.
4. é toi le, é troi te, vic toi re, gloi re, froi de.
5. de voir, cou loir, gra ttoir, mi roir, vou loir.

(a) **oy**  *oy*

Noyau.

6. **oy-a oy-u oy-é oy-an oy-eu oy-au**
7. *oy-a oy-u oy-é oy-an oy-eu oy-au*
8. noy é, noy au, boy au, roy al, loy al, a boy é.
9. en voy a, roy au me, loy au té, noy a de.
10. broy é, ploy é, voy a geur, a loy au, roy au té.

EXERCICE DE PRONONCIATION.

11. **oi-oy** : moi-noy, boi–toy, loi–boy, zoi-foy.
12. **oy-oi** : noi-moy, toi-boy, boi-loy, foi-zoy.
13. *Vic toi re, au la voir, net toy a sa ju pe noi re.*

(a) Prononcer bien franchement **oi**^{ill} ; et dans la lecture des syllabes, articuler toujours ainsi nettement cet élément : **oi**^{ill}**-a** ; **oi**^{ill}**-eu** ; **noi**^{ill}**-au**... etc., pour **oy-a** ; **oy-eu**, **noy-au**... etc.
Ecrire au tableau **oi**, faire lire ; remplacer **i** par **y** et faire articuler la combinaison obtenue.

ll-gn un-on ou-in oin oi-oy

1. mâ choi re, pa ssoi re, moy eu, soy eux, gi boy eux.
2. E loi lui en voy a en ca deau un ri che mi roir.
3. La meu le de gra nit noir a broy é le noy au.
4. Di man che soir le do gue in qui et a a boy é.
5. Gré goi re de man de à boi re u ne boi sson froi de.
6. *Le voy a geur sur le soir s'est noy é.*
7. An toi ne a ren voy é son va let dé loy al.
8. Un beau joy au a tta che ra le voi le de la mariée.
9. Sois pré voy an te, gar de u ne poi re pour ta soif.
10. Le drô le s'éloi gna et cria d'u ne fa çon in croy a ble.
11. Le roi te let a pour roy au me la toi tu re de chau me.
12. *Le roi de la ba sse cour chan te vic toi re.*

LECTURE ET ÉLOCUTION SUR L'IMAGE.

L'étroi te ri viè re.

Un beau sau le cou vre l'é troite ri viè re. É loi, sa me di soir, est mon té sur le sau le ; il a mar ché sur la bran che qui pen che ; la bran che a ploy é, et É loi qui a glis sé a fa illi ê tre noy é.

Pau li ne. *Pau li ne.* **Pa pin.** *Pa pin.*

Note. — Écrire au tableau **oi**, faire lire ; remplacer **i** successivement par **y**, **u**, **n** et faire lire à nouveau.
Conversation sur l'image. — Où est le saule sur lequel Éloi était monté ? — Distinguez-vous la branche sur laquelle il a voulu marcher ? — La rivière est-elle profonde ? etc....

(a) ai-ay

è : **ai**  *ai*

Balai.

1. **mai-nai lai-bai rai-sai zai-fai cai-quai**
2. *mai-nai lai-bai rai-sai zai-fai cai-quai*
3. ai de, lai ne, lai ton, ai r, chai r, ai gle.
4. clai e, crai e, grai ne, di zai ne, sai gnée.
5. sa lai re, pro chai ne, mi grai ne, au to ri tai re.

(a) **ay**  *ay*

Une femme qui bal**ay**e.

6. **ay-a ay-é ay-u ay-eu ay-an ay-on**
7. *ay-a ay-é ay-u ay-eu ay-an ay-on*
8. pay a, pay eur, ray on, ray ure, ba lay é.
9. é gay é, ba lay eur, pay an te, fray eur.
10. mo nnay é, cray on, ren voy é, cray onné.

EXERCICE DE PRONONCIATION.

11. **ai-ay** : mai-nay rai-say lai-bay zai–fay.
12. **ay-ai** : nai-may sai-ray lai-bay fai-zay.

Fé lix. *Fé lix* Fia cre. *Fia cre*

(a) Prononcer **ai**ll, que cet élément de lecture soit isolé ou qu'il entre dans la composition d'une syllabe; faire articuler ainsi : **ai**ll-**a**, **ai**ll-**u**, **ai**ll-**on**..., etc., pour **ay-a**; **ay-u**, **ay-on**..., etc.
Ecrire au tableau **ai**, faire lire; remplacer **i** par **y** et faira lire à nouveau.

in-on ou-in oin oi-oy ai-ay

1. La vrai e gloi re con sis te à fai re son de voir.
2. On i ra à la bai gna de en mai ou en ju in.
3. Le ma ré chal fe ra u ne bo nne chaî ne de lai ton.
4. On l'a soi gné tou te la se mai ne pour u ne mi grai ne.
5. An toi ne n'a pas pay é sa pai re de mi tai nes.
6. *Le ba lay eur a ba lay é le trot toir.*
7. Il m'a pay é sur sa cai sse mon fai ble sa lai re.
8. Clai re s' est bai gnée dans de l' eau clai re.
9. Le son du clai ron é gay e les mar ches mi li tai res.
10. L'ai gle tour noy a sur nos tê tes u ne di zai ne de fois.
11. Gré goi re a un cray on; il cray o nne ra le ta bleau.
12. *J'ai de la fray eur, tu re a a boy é.*

LECTURE ET ÉLOCUTION SUR L'IMAGE.

Le vieux ca pi tai ne et l'ar tis te.

Le vieux ca pi tai ne a l'air bra ve et l'a llu re mi li tai re. Sa fi gu re al tiè re ten te l'ar tis te qui de man de à fai re son por trait. Le ca pi tai ne s'y prê te; et l'ar tis te par deux fois cray o nne le por trait du bra ve mi li tai re.

David. *Da vid.* **Do mi ni que.** *Do mi ni que.*

Note. — Ecrire au tableau **ai**, faire lire; remplacer **a** par **o**, faire lire à nouveau. Ecrire au tableau **ay**, faire articuler **ai**, remplacer **a** par **o**; faire articuler **oi** la combinaison formée.

Conversation sur l'image. — Qui est le capitaine? — A-t-il des épaulettes? — Un képi? — Une épée? — Citez les meubles que vous apercevez? — Voyez-vous aussi des tableaux? — Combien? — Le peintre est-il jeune? A-t-il beaucoup de barbe? etc.

(a) ei- ey (a) ui- uy

ei *ei*

1. **vei-pei rei-sei lei-bei rei-trei lei-plei**
2. *vei-pei rei-sei lei-bei rei-trei lei-plei*
3. rei ne, vei ne, pei ne, Sei ne, sei gle, pei gne.
4. sei ze, trei ze, tei gne, plei ne, ba lei ne.
5. Ma de lei ne, é tei gnoir, bei gnet, en sei gne.

(a) ey *ey*

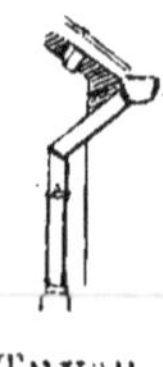

Tuyau.

(a) uy *uy*

6. **ey-e ey-an uy-a uy-é uy-au uy-an**
7. *ey-e ey-an uy-a uy-é uy-au uy-an*
8. gra ssey e, sey an te, tuy au, fuy ante.
9. bruy an te, bruy è re, en nuy é, é cuy ère.

EXERCICES DE PRONONCIATION.

10. **ei-ey-uy** : vei-puy, rei-sey, lei-buy, zei-fuy.
11. **ui-uy-ey** : pei-vuy, sei-rey, bei-luy, fei-zuy.
12. *Paul a gra ssey é et m'a en nuy é*

(a) Prononcer bien nettement **ei**[ill], **ui**[ill]; **ei**[ill]**-e**, **ei**[ill]**-a**, **ui**[ill]**-au**, **ui**[ill]**-è**,... etc., pour **ey-e**; **ey-a**; **uy-au** **uy-è**... etc.
Écrire au tableau **ei**, faire prononcer; remplacer **i** par **y** et faire lire à nouveau.
Même exercice sur **ui**, en remplaçant **i** par **y**.

oin oi-oy ai-ay ei-ey ui-uy

1. Trei ze est moin dre que sei ze.
2. Il est vrai que tou te pei ne mé ri te sa lai re.
3. Vic tor a mal par lé ; il a bé gay é et gra ssey é.
4. Le ca pi tai ne a vu deux é nor mes ba lei nes.
5. Ma de lei ne a re çu pour sa pei ne six châ tai gnes.
6. *Il lui pay a un bou quet de bruy è re.*
7. L'en sei gne du ca ba ret est a ppuy ée au vo let.
8. La Sei ne a dé bor dé et la plai ne a é té dé vas tée.
9. La cui si niè re en fe ra cui re une plei ne poè le.
0. La cla sse est bruy an te ; le maî tre en est pei né.
1. Clau de s'est a ppuy é sur le tuy au qui s'est ca ssé.
2. *Clai re en nuy ée a broy é du noir.*

LECTURE ET ÉLOCUTION SUR L'IMAGE.

L'é cuy ère et son che val.

'é cuy ère a ta qui né son che val.
e che val en nuy é s'est ca bré.
e che val, ta qui né par l'é cuy-
re et en nuy é, s'est ca bré et a
ai du cô té de la Sei ne.

Bre ton. *Bre ton.* Bre ta gne. *Bre ta gne.*

Note. — Ecrire au tableau **ei**, remplacer successivement **e** par **a**, **o** et faire lire.
Ecrire de même **ey**, remplacer successivement **e** par **u**, **a**, **o** et faire articuler les éléments formés.
Conversation sur l'image. — De quelle couleur est le cheval ? — A-t-il l'air commode ? — Où
oit être la Seine ? — Les arbres ont-ils des feuilles ? — En quelle saison est-on ? etc....

(*a*) **ien** — *ien*

éen — *éen*

oy en — *oyen*

Chien.

1. **mien tien sien bien rien chien**
2. *mien tien sien bien rien chien*
3. A drien, gar dien, mi toy en, Ven déen.
4. Rien ne tiendra : le lien mê me ca sse ra.
5. *É mi lien le vau rien n'a peur de rien.*
6. Ma xi mi lien, le gar dien des chiens, est ven déen.
7. Un dou ble lien sou tien dra le mur mi toy en.
8. *L'I ta lien est bien un Eu ro pé en.*

LECTURE ET ÉLOCUTION SUR L'IMAGE.

Stop, mon bon chien.

Fa bien, le Ven déen, a trou vé le moy en de ba ttre Stop, mon chien. Stop a a boy é et a fui au loin. Stop, mon bon chien, mor-dra un jour Fa bien, le Ven dé en.

Rou en. *Rou en.* **Rou sseau.** *Rou sseau.*

(*a*) Faire lire ill **in**, **éin**, **oi**ill **in**.

Note. — Écrire au tableau l'élément **ien**, faire prononcer : remplacer successivement **i** par **é**, **oy** et faire lire les nouveaux éléments formés.

Conversation sur l'image. — Avec quoi Fabien veut-il frapper Stop ? — Stop semble-t-il être content ? — Est-ce un gros chien ? — Est-on à la ville ou à la campagne ? — Combien apercevez-vous de poules ? etc....

oi-oy ai-ay ei-ey ui-uy

ien éen oyen

LECTURE COURANTE.

A mon ca ma ra de An dré.

« Mon li vret est à moi tié fi ni ; en co re un peu t je sau rai li re au ssi bien que toi, a mi An dré. e se rai joy eux, car je pou rrai li re à bo nne na man qui est bien fa ti guée les li vres dorés que non on cle m'a en voy és pour ma fê te ; je lui li rai, e soir, le con te de Ro bin son. Bo nne ma man se ra on ten te et se ré joui ra.

« Je li rai au ssi mes li vres à ma man, car 'ai me ma man qui m'a mè ne cha que jour à l'é co le, o mme j'ai me mon maî tre qui se do nne de la ei ne pour m'ins trui re.

« Je t'ai me bien au ssi An dré, mon ca ma ra de; eu di, je te prê te rai ma tou pie, et mon che val à né ca ni que ; di man che, je te fe rai ca deau d'un o li fou et neuf en cuir, d'u ne gro sse ba lle é las- i que et d'un bil bo quet.

« Ton a mi qui t'ai me bien,

« JULIEN. »

Note. — Obtenir la lecture aisée de cette page qui présente à peu près tous les éléments de lecture étudiés usqu'alors dans ce deuxième livret. C'est une véritable et utile récapitulation.

TRENTE-QUATRIÈME LEÇON

an **en**

am *am* Banc. **em** *em*

1. **ram-rem cham-chem tram-trem**
2. *ram-rem cham-chem tram-trem*
3. ram pe, jam be, lam pe, tem pe, trem pe.
4. cham bre, tam pon, cram pe, cam phre, tren te.
5. no vem bre, trem ble, em prun té, en sem ble, Jean.

on **un** **in**

om-*om* **um**-*um* **im**-*im*

6. **tom-tim lom-lim fum-fim som-sim**
7. *tom-tim lom-lim fum-fim som-sim*
8. tom be, bom be, tim bre, sim ple, par fum.
9. pré nom, trom be, guim pe, lim pi de, rom pre.
10. com ble, im pur, ré com pen se, trom peur, à jeun.

EXERCICES DE PRONONCIATION.

11. **am-em-om-im** : ram-sim nem-mom lam-bom.
12. **im-om-em-am** : sam-rim mem-nom bam-lom.
13. *Il au ra u ne cham bre en no vem bre*

Note. — Faire sentir la différence de prononciation des sons **un**, **in** ; **um**, **im**. En général, veiller à la meilleure prononciation possible des éléments présentés dans cette leçon ; faire observer la petite différence d'aspect et la ressemblance des sons de **an**, **am**, **en**, **em**, etc.

(*b*) Ecrire au tableau les sons **an**, **en**, **on**, **un**, **in**, en remplaçant successivement la lettre **a**, du premier élément par **e**, **o**, **u**, **i**, ; puis dans chacun de ces éléments remplacer **n** par **m**, et faire lire à nouveau.

TRENTE-QUATRIÈME LEÇON

an en on un in

am em om um im

1. Le brave ci toy en a van ça : le pol tron trem bla.
2. Il a ven du à ma tan te u ne guim pe tou te sim ple.
3. Le bam bin por te à la cham bre la gran de lam pe.
4. Jean en jam be ra la ram pe du cou loir.

Il est tom bé et s'est ca ssé un mem bre.

6. Paul est ren tré trem pé de la cam pa gne.
7. La trom be a en le vé la toi tu re du tem ple.
8. La pom pe a em pê ché le feu de tout dé trui re.
9. La bom be a é cla té et le tam bour a é té cre vé.

0. *Le pau vre a veu gle est en co re à jeun.*

LECTURE ET ÉLOCUTION SUR L'IMAGE.

A la Campagne.

En é té, à la cam pa gne, la cha-
eur est gran de. On ai me la fraî-
heur, cou ché sur la mou sse
m bau mée de mi lle par fums, à
'om bre des feu illes trem blo tan-
es et chan tan tes du bou leau ou
u trem ble ; on ai me à en ten-
re le mur mu re dis cret du rui-
seau lim pi de qui cou le en tre
les ri ves ga zo nnées et fleu ries.

Note. Obtenir que cette lecture se fasse aisément. Cette page et la suivante contiennent tous les éléments ifficiles de lecture étudiés jusqu'ici. C'est une récapitulation présentée sous une forme intéressante et quelque eu vivante. On peut tirer de ces lectures un très grand profit.

Conversation sur l'image. — Dites ce que fait le papa ? — la petite fille ? — Le ruisseau est-il bien loin ? — Y a-t-il beaucoup d'arbres sur ses bords ? — Quels sont les arbres qu'on appelle des bouleaux ? etc....

TRENTE-CINQUIÈME LEÇON

(a) **in** **ain** **ein** **yn**

im **aim** **eim** **ym**

1. **pain, main, daim, sein, plein, lynx.**
2. *pain, main, daim, sein, plein, lynx.*
3. faim, daim, syn co pe, im por tun, la rynx.
4. tym pan, pha rynx, pro chain, é tein dre.
5. syn dic, grim peur, symp tô me, im bi bé.

(b) e eu : **œ** **œu** (c) **aï** **aü** **oï** **uë**

6. **œuf, bœuf, cœur, sœur, œu vre, vœu.**
7. *œuf, bœuf, cœur, sœur, œu vre, voeu.*
8. naïf, saül, naï ve, laï que, ci guë.
9. ma nœu vre, glaï eul, ty phoï de, œ illè re.
10. aï eule, con ti guë, ai guë, œ illa de.
11. *Olym pe a la main plei ne d'œ illets.*

Gus ta ve *Gus ta ve.* E loi *E loi.*

(a) Écrire au tableau **in** ; puis successivement placer devant cet élément, **a**, **e**, et faire lire à nouveau. — Même exercice sur **im**.

(b) Écrire au tableau la lettre **e**, la faire précéder de **o**, puis ajouter **u**, et faire lire chacune des combinaisons formées.

(c) Faire observer le tréma et en indiquer la fonction.

TRENTE-CINQUIÈME LEÇON

an-am ; en-em ; on-om ; un-um
n-im ; in-ain-ein ; im-aim ; yn-ym
œ-œu ; aï-aü-oï-uë.

1. Le frein a bien a rrê té le train.
2. Le pha rynx est à cô té du la rynx.
3. De main, Saül, le pein tre, tra va ille ra au fu sain.
4. Ma sœur a vou lu a ppren dre ses le çons par cœur.
5. *Syl vain grim pe ra sur le pin.*
6. Le pain sem ble bon lors qu'on a bien faim.
7. Ur bain a les symp tô mes de la fiè vre ty phoï de.
8. Un bœuf traîne une voiture chargée de glaï euls.
9. Ro main n'ou blie ra pas d'é tein dre les lam pes.
10. *Ma sœur a ren voy é l'im por tun.*

LECTURE ET ÉLOCUTION SUR L'IMAGE.

La jeu ne mar chan de d'œ illets.

Olym pe a ven du des œ illets tou te la se mai ne pa ssée et en ven dra en co re tou te la quin zai- ne. Olym pe ren tre la bour se plei ne et a ppor te cha que soir à sa mè re un œuf du jour et un pain de gru au. Olym pe au ssi a faim et dî ne d'u ne bo nne sou pe bien chau de et de con fi tu res.

Note. — Montrer au tableau noir les différentes variations de formes du son **œu**, en partant de **e**, et construisant successivement **eu**, **eux**, **œ**, **œu**.

Conversation sur l'image. — Qu'est-ce qu'Olympe présente à sa mère, de la main droite ? — de la main gauche ? — Que contient le panier placé près d'Olympe ? — Et la maman, que tient-elle à la main ? — Citez les meubles que vous voyez ? etc....

LECTURE COURANTE.

MA POU PÉE

Re gar de, Jean, ma jo lie pou pée ; sa ro be est blan che, sa cra va te bleue, ses bo tti nes jau nes et son cha peau vio let.

Sa che ve lu re blon de tom be en bou cles sur ses é pau les et en ca dre sa fi gu re ; sa bou che est sou rian te, ses beaux yeux noirs et son men-ton bien mi gnon.

Regarde, Jean, ma jolie poupée.

Je lui ai do nné le nom de la pe ti te fleur des prés que j'ai me le mieux : Mar gue ri te.

Marguerite, ma pou-pée, est ma com pa gne de tou tes les mi nu tes. Je la cou che, le soir, à côté de moi ; le ma tin, lors que je me lè ve, je la lè ve au ssi ; et dès que je l'ai dé bar bou illée et pei gnée, je l'em mè ne bien loin fai re une lon gue pro me na de.

Hen ri. *Hen ri* Ka by lie. *Ka by lie.*

Conversation sur l'image. — Sur quoi est assise la petite Marguerite? — Jean est-il plus jeune qu'elle? — Quel âge leur donnez-vous? — Et la poupée, est-ce une grosse poupée? — Comment Marguerite est-elle peignée? — Par quoi ses cheveux sont-ils retenus?

TRENTE-SEPTIÈME LEÇON

LECTURE COURANTE.

MON CHE VAL

J'ai re çu de mon on cle An toi ne un ma gni fi que [c]he val, un che val à mé-[c]a ni que.

J'aime à faire sur mon cheval de longues promenades.

Il m'est a rri vé par le [b]a teau bien em pa que té, [e]n ve lo ppé d'u ne cou che [d]e pa ille et d' une dou-[b]le feu ille de car ton.

Il est beau, mon che-[v]al : il n'a pas la ta ille [d]'un che val de ba ta ille [o]u d'om ni bus, il est à [p]ei ne gros co mme un [c]hien de cha sse ; mais il est [s]o li de et ro bus te ; il a la [t]ê te fi ne et dis tin guée, [d]es yeux clairs et vifs et [d]es jam bes for tes ; sa cri niè re lon gue et é pai sse [l]ui cou vre, co mme une chau de fou rru re, le cou [e]t les é pau les.

Je n'ai au cu ne crain te sur mon che val : il va co mme je le mè ne, s'a rrê te où je veux ; il ne s'em ba lle pas. Je tom be bien par fois, mais je ne me fais au cun mal.

Conversation sur l'image. — Comment ce cheval avance-t-il ? — Sur combien de roues est-il monté ? — Sur quoi l'enfant place-t-il les pieds ? — La crinière du cheval est elle réellement epaisse et longue ?

SIXIÈME TABLEAU — TRENTE-HUITIÈME LEÇON

(a) **er el es ef ec ex**

er el es Chemin de fer. *ef ec ex*

1. **er** : ver, fer, mer, fer me, ver te, per che.
2. **el** : sel, bel, quel, mi el, au tel, Da ni el.
3. **es** : pes te, res te, es poir, res pi ré, Er nest.
4. **ef** : nef, chef, bref. **ep** : rep ti le, sep tem bre.
5. **ec** : é chec, a vec, lec tu re, nec tar, ad jec tif.
6. **ex** : si lex, in dex, ex pi ré, ex trê me, ex tra.
7. Klé ber, Nec ker, An sel me, Ed me, Syl ves tre.

err ell ess  **ett eff enn**

Maisonnette.

8. **err** : ter re, guer re, pi er re, li er re, per ron.
9. **ell** : pel le, bel le, den tel le, vai ssel le.
10. **ess** : mes se, â nes se, pa res se, po li tes se.
11. **ett** : cu vet te, ga let te, dî net te, fau vet te.
12. **eff** : ef fet, ef fi lé, ef froi, ef fra yan te.
13. **enn** : pen ne, ga ren ne, é tren ne, en ne mi.
14. Pi er re, ter res tre, bel li queux ; es sai, ef filé.
15. *Pi er ret te a bles sé Es tel le à l'in dex.*

Ton kin. *Ton kin.* Tu llie. *Tu llie.*

(a) Ecrire **er** au tableau, et faire lire les combinaisons obtenues en remplaçant successivement **r** par **l**, **s**, **f**... ; puis par **rr**, **ll**, **ss**....

er el es ef ep et ex

er r el l es s ef f et t en n.

1. La pa res se é loi gne de la ri ches se.
2. Le to nner re est tom bé sur le pres soir.
3. Al fred a ca ssé on ze ver res et sept a ssi et tes.
4. Ser ge cher che le si lex per du par Pier re.
5. *Su zet te ex pé dia u ne bel le den tel le.*
6. Ber nar det te a es say é de fai re l'o me let te.
7. Le per so nnel de la fer me res te en li es se.
8. Pros per en ver ra mer cre di une let tre à Es tel le.
9. La chien ne de Mi chel a ef fray é les a lou et tes.
10. Er nest met tra sa ja quet te et sa ves te.
11. *Noël a ef fa cé les des sins d'Al fred.*

LECTURE ET ÉLOCUTION SUR L'IMAGE.

La di net te de Pi er ret te.

Pi er ret te pré pa re une dî net te ; el le est ai dée par Es tel le sa sœu ret te. Rien ne man que ra, ni ga let te, ni mi el ; il y au ra mê me du la pin de ga ren ne ; on boi ra un ver re de si rop de pru nel le avec eau de Seltz. Quel ex tra !

Note. — Insister sur la lecture de l'exercice d'élocution : en obtenir la lecture tout à fait aisée.

Conversation sur l'image. — Qui est Pierrette ? — Que fait-elle ? — Citez les noms des objets placés sur la table ? — Estelle n'apporte-t-elle pas quelque chose encore ? — Laquelle des deux petites filles a un tablier ? — Laquelle a un col ? etc....

(a) **ail euil œil eil eill ill**

ail euil œil eil eill ill

1. **ail** : ba il, dé ta il, co ra il, por ta il, tra va il.
2. **euil** : seu il, fau teu il, che vreu il, re cue il.
3. **eil** : pa rei l, so lei l, con sei l, so mmei l, vi ei l.
4. **eill** : vi ei lle, mer vei lle, cor nei lle, bou tei lle.
5. **ill** : fi lle, gri lle, si llon, pa pi llon, ti lleul.
6. *Ar cue il, re cue illir, cue illet te, or gue il.*

tie tié tia tio tiel tion tieux

tie tié tia tio tiel tion tieux

7. **tie, tié** : mi nu tie, i ner tie, i ni tié, sa tié té.
8. **tia** : par tial, mar tial, nup tial, bal bu tia.
9. **tio, tiel** : natio nal, ratio nné, par tiel, essen tiel.
10. **tion** : na tion, por tion, a ddi tion, cré a tion.
11. **tieux** : mi nu tieux, am bi tieux, pré ten tieux.
12. **tien** : pa tien te. — **tien** : Véni tien, Capé tien.
13. *Gui llau me por te le fau teuil au so leil.*

Zoé. *Zo é.* **Yo nne.** *Yo nne.*

(a) Il nous a paru utile afin de faciliter la lecture des mots contenant les éléments **ail, euil,...** de séparer au moins provisoirement, dans ces éléments, le son de l'articulation ; mais dans l'étude de ces éléments ne pas séparer le son de l'articulation : émettre d'un seul coup **ail, euil, œil, eil eill, ill.**

(a) **ail euil œil eil eill ill**

tie tié tia tio tiel tion tieux

1. Le sou pi ra il est à pro xi mi té du por ta il.
2. Le che vreu il a brou té les feu illes du ti lleul.
3. Guillau me au so leil s'est fa ti gué et a so mmei llé.
4. L'ai le bri llan te du pa pi llon est une mer vei lle.
5. *Mi chel a per du ses bi lles d'é mail.*
6. La plu ie to rren tiel le a dé vas té les plan ta tions.
7. Gra tien est un vi eil et fol am bi tieux.
8. La trei lle a été pi llée par les cor nei lles.
9. J'ai do nné à Mi rei lle une par tie de ma por tion.
10. Elle a cuei lli des fleurs et des feu illes de ti lleul.
11. *L'é cu reuil de Mar tial est sur l'ar bre.*

LECTURE ET ÉLOCUTION SUR L'IMAGE.

Le pa pi llon.

Le pa pi llon bri lle au so leil de mi lle cou leurs ; sa vie est une con ti nu el le ré cré a tion ; il i gno re le tra vail ; il n'a nul-le pré o ccu pa tion. Pa pi llon fri-vo le et or gue illeux, tu es l'ad-mi ra tion de l'é lè ve pa res seux qui, lui au ssi, n'am bi tio nne que les joies et les jeux.

(a) Montrer au tableau noir les différentes transformations qu'on fait subir à l'élément **ail**, en remplaçant successivement **a** par **eu**, **œ** ; — à **eil**, en ajoutant un **l**. — à **ill**, en remplaçant **i** par **ei**.

Conversation sur l'image. — Que regarde le petit garçon ? — Où va-t-il ? — Paraît-il pressé ? — Combien voyez-vous de papillons ? — Apercevez-vous un beau pied de fleurs épinonies ? — Voyez-vous une maison au loin ? — Combien comptez-vous de fenêtres ? — De portes ? etc....

(a) **ce ci cé**  **cê c'est**

ce ci cé cê c'est

Exercice.

1. no ce, lan ce, gla ce, far ce, é pi ce.
2. ra ci ne, do ci le, ci ga le, po li ce, mé de cin.
3. o cé an, sou ci, dé cé dé, ra ci ne, cé le ri.
4. so cié té, ci go gne, se men ce, sou ri ciè re.
5. cet te, cen ti me, pin ceau, ci toy en, cé ré a le.

ge gi gé  **gea geo geai**

ge gi gé gea geo geai

Cage.

6. ca ge, ju ge, sa ge, ga ge, ge lé, ge nou.
7. piè ge, gi ra fe, a gi le, gi ber ne, É gyp te.
8. gê ne, lé gè re té, con gé, siè ge, di ri gé.
9. ga gis te, po ta gè re, rou geo le, na geoi re.
10. co llé gien, gen dar me, sau va geon, pi geon.

EXERCICE DE PRONONCIATION.

11. ca–ce, co-ci, cu-cé, ça-cé ço-ci, çu-cê.
12. ga-ge, go-gi, gu–gé, gea-ga, geo-go, geu-ge.
13. *Au con gé de dé cem bre, Mau ri ce man gea deux o ran ges*

Quen tin. *Quen tin.* Quim per. *Quim per.*

(a) Ecrire au tableau la syllabe **ce** ; remplacer successivement **e** par **a**, **i**, **o**, **u**, **é**, **è**, **ê**, **est**, et faire lire les syllabes ainsi formées.
Même exercice sur la syllabe **ge**.

ci l-ci ll i ll ce-ci-cé ge-gi-gé

1. gen ci ve, Geo r get te, lo geu r, man geu r.
2. Om bra geux, si len ci eux, mé ca ni cien, Lu cien.
3. La ra ci ne de cet ar bus te est min ce.
4. Le cé le ri a é té man gé par les li ma ces.
5. Eu gè ne est tom bé ce ma tin de sa bi cy clet te.
6. *Il ren ver sa l'é qui pa ge du gé né ral.*
7. L'O cé an bai gne les cô tes de la Fran ce.
8. Ge ne viè ve est au ssi ha bi le que gen ti lle.
9. Ger tru de a dé jeu né d'un po ta ge é pi cé.
10. Le nu a ge noir a nnon ce d'a van ce l'o ra ge.
11. Cé li ne, en co lè re, a vu son i ma ge dans la gla ce.
12. *Aie de la sa ges se gen tille An gè le.*

LECTURE ET ÉLOCUTION SUR L'IMAGE.

Le pi geon de Cé ci le.

Cé ci le po ssè de un pi geon de race. Il a les ai les jau nes et la gor ge blan che. Il lo ge dans une jo lie ca ge. Cé ci le par-fois lui do nne la li ber té et il s'é lan ce vers les nua ges. Au moin dre a ppel de sa maî tres-se, il ren tre a vec do ci li té et se ré fu gie dans sa ca ge.

Note. — L'étude des éléments de cette leçon présente quelques difficultés ; les enfants sont tout d'abord déroutés par la nouvelle prononciation donnée aux lettres **c** et **g** ; il convient de n'abandonner cette leçon que lorsque la lecture en est faite facilement.

Conversation sur l'image. — Connaissez-vous cet oiseau qui est sur le bord de la cage ? — A-t-il peur de la petite fille ? — Dites comment la petite fille est habillée ? — A-t-elle un tablier ? — A-t-elle des chaussures d'hiver ou d'été ? etc....

chai se — **ex er ci ce**

chai se — *ex er ci ce*

Chaise.

1. ro se, ca se, bi se, cho se, ru se, bri se, a si le.
2. rosée, mesure, visite, valise, réséda, vaseline.
3. cou sin, oi seau, frai se, pri son, chai se, voi sin.
4. ex ac te, ex é cu té, ex em ple, ex er ci ce, ex il.
5. é gli se, mé san ge, mar chan di se, de moi sel le.
6. ce ri se, ex i gen ce, Fran çoi se, phra se, Ro si ne.

é : **er** — **ed ez**

é : er — *ed ez*

Pied.

7. pa ni er, ro cher, pru ni er, po mmi er, Ro ger.
8. clo cher, ce ri si er, jan vi er, fé vri er, ta bli er.
9. verger, berger, percer, serrer, traverser, placer.
10. nez, chez, a ssez, ri ez, lan cez, par lez, chan tez.
11. pi ed, tré pied, mar che pied, a ssi ed, je m'a ssi eds.
12. cui si ni er, ba lan cez, ba var dez, clo che-pied.
13. Ri ez, Ro si ne, le ber ger va à clo che-pied.

S L P F D B R

Note. — Il semble inutile d'insister sur les cas où **s** et **x** ont une prononciation adoucie ; l'intelligence du mot lu et l'oreille sont les plus sûrs guides.
Il en est de même pour les cas où **er** se prononce **é**.

chai se ex er ci ce er-ed-ez

1. Jean dé si re une bon ne sou pe à l'o sei lle.
2. La de moi sel le de ma ga sin me su re l'é to ffe.
3. Cet o ffi ci er est un ca va li er dis tin gué.
4. Ma xi me ve xé de man quer l'ex press est ex as pé ré.
5. E vi tez de do nner un dé plo ra ble ex em ple.
6. *Voy ez Mes da mes, en trez, et a che tez.*
7. La nei ge tom be à flo cons : quel le sai son !
8. Son pied a gli ssé et Di di er est tom bé sur le nez.
9. Voy ez le jar di nier qui a rro se des fram boi siers.
10. J'ai vu Loui se ra cco mmo der son ta bli er.
11. Ce ser ru ri er veut a ller tra va iller à l'a te lier.
12. *L'oi seau a vi si té les ce ri ses du ver ger.*

LECTURE ET ÉLOCUTION SUR L'IMAGE.

Mon jar di net.

Re gar dez com me mon jar di-net est co quet. La ro sée per-le aux feu illes des nar ci sses et des œ illets et l'air est em-bau mé de l'o deur des ro ses et du ré sé da. Dès ju illet, je trou ve dans mon jar di net des goû ters dé li cieux ; je les cue-ille au ce ri sier, au pru nier, au pommier, et au pê cher.

Note. — Il paraît temps de demander à l'enfant d'essayer de réaliser quelques liaisons.
Conversation sur l'image. — Que fait la petite fille ? — Et le petit garçon ? — Qu'y a-t-il dans le panier que tient le petit garçon ?

QUARANTE-DEUXIÈME LEÇON

gu-qu ch-ph ill-gn ou-in

LETTRES NULLES.

1. h : une ho tte, la hu tte, un ca hier, du thé.
2. Ho no ré, Thé rè se, Théo phi le, Mar the.
3. x : un prix, une noix, la toux, une per drix.
4. l : un fu sil, du per sil, un che nil, du cou til gris.
5. t : un rat, le lit, un chat, un mot, la nuit, une dent.
6. d : *un nid, un nœud, un gland, un bond.*
7. c : un accroc, du ta bac, l'es to mac, du jonc.
8. g : le rang, du sang, un coing, le poing, du hareng.
9. s : une souris, le cadenas, du jus, du velours.
10. p : du drap, du si rop, un loup, trop, beau coup.
11. Le temps, un corps, un ins tinct, prompt, ex empt.
12. *La sou ris fait son nid sous le plan cher.*
13. Le pe tit gour mand : la pe ti te gour man de.
14. Le vê te ment gris : la ju pe gri se.
15. Le front bas : la voix ba sse.
16. Le vent froid : la pluie froi de.
17. L'ha bit vert : la cra va te ver te.
18. *Char lot est mu et, Char lo tte est mu ette.*

J H K Z C

Note. — Il ne semble pas utile de s'arrêter longtemps aux difficultés que présente l'étude des lettres nulles; l'intelligence des mots lus et l'habitude de la lecture seules instruiront l'enfant de ce côté.

QUARANTE-DEUXIÈME LEÇON

oi-oy ai-ay ei-ey ui-uy oin

1. Hé lè ne a jou é de la har pe pen dant u ne heu re.
2. Le mal heu reux a u ne toux qui le fait sou ffrir.
3. Sois bon fils, Hu gues, sois gen til en vers ta mè re.
4. Cet te nuit, j'ai en ten du le mi au le ment du chat.
5. *Yves a les che veux blonds, les yeux bleus.*
6. Le che min est trop long pour ses fai bles jam bes.
7. Geor ges a mis son pa le tot gris tout neuf.
8. N'a vez-vous pas vu pa sser les beaux ba teaux?
9. Heu reux sont les en fants do ci les et stu dieux.
10. Thé o do re peu soi gneux a bri sé tous ses jou joux.
11. *Mar the a comp té tous les li vres des é lè ves.*

LECTURE ET ÉLOCUTION SUR L'IMAGE.

Le le ver de Hen ri.

Hen ri se lè ve, en hi ver, à huit heu res. C'est un peu tard ; mais Hen ri est tout pe tit et il fait si froid quand il nei ge et qu'il gè le fort au de hors. L'an née pro chai ne Hen ri au ra sept ans ; il se ra plus grand, il se lè ve-ra plus ma tin, s'ha bil le ra tout seul et par ti ra de bon ne heu re pour l'é co le.

A M N

Note. — Au courant de la première lecture donner le sens des mots contenant des lettres nulles et exiger une bonne prononciation de ces mots. La seconde lecture en sera facilitée. Demander les liaisons utiles.

Conversation sur l'image. — Qu'est-ce que fait Henri ? — Que tient-il dans ses mains ? — Pouvez-vous citer les objets qui sont sur la table devant lui ? — Et la maman, que fait-elle ? Que tient-elle de la main droite ? — De la main gauche ? — Que remarquez-vous sur le plancher ? etc....

QUARANTE-TROISIÈME LEÇON

e : ent | ai : aient

1. Les oi seaux vo lent, sau tent et chan tent.
2. Ils vo lè rent, sau tè rent et chan tè rent ce ma tin.
3. Ils vo le raient, et chan te raient s'ils le pou vaient
4. Les é lè ves li sent, é cri vent et dessi nent bien.
5. Ils lu rent, é cri vi rent et des si nè rent long temps.
6. Ils li raient, é cri raient et dessi ne raient avec joie.
7. *Il aime, ils ai ment, il ai mait, ils ai maient.*
8. Les maî tres ai ment les é lè ves sa ges et stu dieux.
9. Ces deux en fants ai maient à s'en tr'ai der.
10. *Il finit, ils fi ni ssent, ils fi ni ssaient.*
11. Les dis cu ssions vives fi ni ssent sou vent mal.
12. En hi ver, nos soi rées fi ni ssai ent vers mi nuit.
13. *Il voit, ils voient, il voy ait, ils voy aient.*
14. Les bons é lè ves re çoi vent des ré com pen ses.
15. Les pre miers au tre fois re ce vaient des félicitations.
16. *Il rend, ils ren dent, il ren dait, ils ren daient.*
17. Les bonnes â mes ren dent le bien pour le mal.
18. Les deux vo ya geurs se ren daient à la vi lle.

V U Y Q X

Note. — Lire les notes des deux pages précédentes.

QUARANTE-QUATRIÈME LEÇON

LECTURE COURANTE.

Hier, aujourd'hui, demain.

Hi er, je suis allé me pro me ner au loin dans la cam pa gne. J'ai ren con tré des ber gers qui ra me naient leurs trou peaux. J'ai vu des la bou reurs qui re tour naient le sol de la plai ne ; j'ai en ten du des oi seaux qui chan taient. Je suis ren tré tard et un peu fa ti gué ; au ssi au jour d'hui ne suis-je pas en train. Les dis trac tions ce pen dant ne me man quent pas ; de la fe nê tre de ma cham bre j'a per çois, dans la cour de la fer me, les pou les qui pi co rent, et de lourds cha riots qui en trent et sor tent ; j'en tends aussi les pi geons qui rou cou lent et les chiens qui a boient. De main, je se rai tout à fait re po sé. Mes de voirs d'é co lier m'o ccu pe ront la ma ti née ; l'a près-mi di, je se rai li bre, et je re pren drai mes jeux et mes cour ses.

J'ai rencontré des bergers, j'ai vu des laboureurs.

Note. — Obtenir, par la répétition, la lecture aisée de cette page ; exiger les liaisons nécessaires et, s'il est possible, en dernier lieu, une intonation convenable.

QUARANTE-CINQUIÈME LEÇON

Les jours de la semaine.

Lun di, mar di, mer cre di, jeu di, ven dre di, sa me di, di man che.

Les mois de l'année.

Jan vi er, fé vri er, mars, a vril, mai, juin, juillet, août, sep tem bre, oc to bre, no vem bre, décembre.

Les saisons.

Le prin temps, l'é té, l'au to mne, l'hi ver.

Les mesures du temps.

L'a nnée comp te trois cent soi xan te-cinq jours.
Le jour comp te vingt-qua tre heu res.
Une heu re vaut soi xan te mi nu tes.
Une mi nu te vaut soi xan te se con des.

Les nombres.

Un, deux, trois, qua tre, cinq, six, sept, huit, neuf, dix, on ze, dou ze, trei ze, qua tor ze, quin ze, sei ze, dix-sept, dix-huit, dix-neuf, vingt, tren te, qua rante, cin quante, soi xante, soi xante-dix, quatre-vingts, quatre-vingt-dix, cent, mille, million, milliard.

Note. — Obtenir pour chacun des mots lus une parfaite prononciation.

LECTURES COURANTES

SUZETTE ET TONTON

Su zet te a un tout pe tit frè re ; elle en est heu-
ɜu se et fiè re. Il s'a ppel le Gas ton : pour elle c'est
on ton. Elle ne vou drait
as le do nner pour rien
u mon de ; elle a peur
u'on ne le lui prenne ;
u ssi vei lle-t-elle tou-
ɔurs sur lui. Il est si
ʼais et si ro se le pe tit
on ton ! Et co mme il
st gen til et mi gnon
uand il tend ses jo lies
ıe no ttes à sa gran de
œur ! Su zet te ai me
eau coup son pe tit frè re ;
lle l'ai me un peu moins quand il crie, et Ton ton
rie sou vent.

Suzette a un tout petit frère.

Suzette, Gaston, bébé, cheveux, tabliers.

---

onversation sur l'image. — Voyez-vous Tonton ? — Croyez-vous qu'il marche seul ? — Le trouvez-
us gentil ? — Et Suzette est-elle aussi gentille ? — A-t-elle de beaux cheveux ? — Comment sont-ils atta-
és sur le haut de sa tête ? — A-t-elle un tablier ? — Comment est-elle chaussée ? — Que voyez-vous sur la
ɔle à côté ?

LE BON PETIT GARÇON

Ne co nnai ssez-vous pas un pe tit gar çon qu'on a ppel le Al fred ? C'est le mei lleur et le plus ai ma ble des en fants. Tou tes les ma mans vou- draient l'a voir pour fils. On ne sau rait lui trou ver un dé faut. Il est sa ge et o bé i ssant à la mai son co mme à l'é co le ; il est doux en vers ses ca ma- ra des et mê me a vec les a ni maux ; il ne fe rait pas de mal à une mou che. Il n'est ni ta quin, ni bou- deur, ni men teur, ni ra ppor teur, ni gour mand, ni ba vard. C'est un vé ri ta ble mo dè le. Il est la gloi re de ses pa rents et l'ad mi ra tion de tout le mon de.

Il est doux envers ses camarades.

Coiffure, chapeau, casquette, béret, lacet.

Conversation sur l'image. — Ces deux petits garçons vous paraissent-ils bien camarades ? — Lequel est le plus jeune ? — Quel est celui qui semble conduire l'autre ? — Le conduit-il gentiment ? — Comment le tient-il ? — Quel est celui qui parle pour le moment ? Reconnaissez-vous Alfred ? — Où vont-ils l'un et l'autre ? — Qu'est-ce qui fait voir que ce sont deux écoliers ?

LA MÉCHANTE PETITE FILLE

An toi net te a une jo lie fi gu re ; elle a des yeux bleus, des joues ro ses et de longs che veux bruns. Elle se rait vrai ment belle si elle n'é tait tant mé chan te. On di rait qu'elle n'ai me qu'une cho se, fai re sou ffrir au tour d'elle. Elle dé so- béit à sa mè re ; elle mal trai te ses ca ma ra des et bru ta li se les a ni- maux. Elle est en ou tre pa res seu se, dé sor do- nnée, ré pon deu se, vio- len te. Que de vien dra- t-elle plus tard ? On ne le sait pas. En a tten dant elle rend mal heu reu se sa ma man et se fait dé tes ter de tout le mon de.

Elle brutalise les animaux.

Ju lie, plumes, méchante, maison, oie.

Conversation sur l'Image. — Que fait Antoinette ? — Connaissez-vous ce gros oiseau qu'elle frappe ? — A-t-elle raison de maltraiter ainsi les animaux ? — Ne pourrait-elle pas en être un jour bien punie ? — Ne distinguez-vous pas une maison au loin ? — Combien a-t-elle de cheminées ? — En quoi paraît-elle couverte ? — Voyez-vous des arbres quelque part ?

SI J'ÉTAIS PETIT OISEAU !

Si j'étais un petit oiseau, je volerais bien haut dans le ciel bleu ; j'irais près des beaux nuages blancs. Je chanterais tout le jour. Les petits oiseaux sont vraiment heureux ; ils vont où ils veulent, jamais à l'école ! Ils font ce qui leur plaît, jamais de devoirs ennuyeux !

Je cours vite à l'école.

Mais je suis un petit garçon ; je ne puis, comme l'oiseau, jouer et chanter du matin au soir. Je serai plus tard un homme, et pour être un homme, il faut apprendre à travailler ; il faut savoir lire, écrire et compter. Aussi je cours vite à l'école !

Panier, goûter, gibecière, bretelles, souliers.

Conversation sur l'image. — Où va ce petit garçon ? — Que porte-t-il au bras gauche ? — Savez-vous ce que contient le panier ? — A-t-il une gibecière ? — Comment s'appelle sa coiffure ? — Les deux autres enfants vont-ils aussi à l'école ? — A quoi le reconnaissez-vous ? — Le chemin est-il boueux ?

LE PETIT SOT

Je ne veux pas apprendre à lire,
Disait Alfred d'un air boudeur ;
C'est trop ennuyeux de s'instruire,
Instruisez ma petite sœur.

Allons, mon fouet, claque avec rage !
Au galop, mon petit cheval !
Vivent la joie et le tapage ;
Moi, je veux être général !

Qu'arriva-t-il ? Je vais le dire :
La petite sœur sut bientôt
Dans tous les livres fort bien lire.
Alfred ne fut... qu'un petit sot.

COQUARD.

Le Hibou

Un hibou, parfait égoïste,
De tous les oiseaux était fui ;
Tous prenaient un air froid et triste,
S'ils se rencontraient avec lui.
A la sensible tourterelle
Sa surprise, un jour, il narra :
— C'est votre faute, lui dit-elle,
Aimez et l'on vous aimera.

De Fulny.

LÉON A L'ÉCOLE

Lé on ai me à ve nir à l'é co le ; il est heu reux de se trou ver au mi lieu de beau coup de ca ma-ra des ; et puis les le çons de son maî tre l'a mu sent et l'in té res sent. Il a du plai sir à é cri re sur un ca hier ; il fait bien de temps en temps quel ques pâ tés sur la feu ille blan-che et se ta che parfois les doigts d'en cre. Ce la ne fait rien ; les heu res de la cla sse pour lui pa ssent tou jours trop vite. Sa gran de joie le soir est de ra con ter à sa mè re ce qu'il a fait pen dant la jour née, et de ré ci ter à son pè re la jo lie fa ble qu'il sait par cœur.

Sa grande joie est de raconter à sa mère ce qu'il a fait à l'école.

Garçon, Léon, maman, palmier, poche.

Conversation sur l'image. — Que fait le petit Léon ? — Se tient-il bien ? — Sa maman le gronde peut-être ? — Que fait-elle ? — Est-ce une vieille maman ? — Quel âge donnez-vous au petit Léon ? — Est-il habillé en grand garçon ? — Comment est-il chaussé ? — Est-ce tout à fait convenable d'avoir comme lui les mains dans les poches ? — Apercevez-vous quelque part une plante avec de jolies feuilles ? — Voyez-vous aussi de grands rideaux ?

LE MOUCHERON ET LE PAPILLON

— Beau mou che ron, fuis la chan delle !
Crois-moi, je m'y suis brû lé l'aile,
Disait le pa pi llon un soir.
— Non, ré pond l'in secte re belle,
Je veux la voir, elle est si belle !
Je veux tout voir et tout savoir.
Et la bes tiole fan fa ro nne
Passe, repasse et tour bi llonne
Au tour du flam beau ra dieux.
Ma lheur ! Elle y tou che, elle y tom be
Le suif brû lant de vient la tombe ;
De l'in sec te trop cu rieux.

J.-M. Villefranche.

Le Bavard

La pie est un oi seau ba vard
Qui du matin au soir ja ca sse
Et ne peut de meu rer en place,
Ni ces ser son cri na si llard.
Mes a mis, il est sa lu taire
De ne point vou loir l'i mi ter ;
Par fois il est bon de par ler,
Mais sou vent il vaut mieux se taire.

Edouard Jouin.

LE DÉSORDRE DE BERTHE

Où est mon mou choir? cri ait la pe ti te Ber the en pleu rant. Qui a pris mon mou choir? Je l'a vais tout à l'heu re; je ne l'ai plus main te nant. On m'a ca ché mon mou choir! Ber the n'a pas de soin; elle dé ran ge tout ce qu'elle tou che et ne re-pla ce ja mais rien. Elle se se ra ser vie de son mou-choir, il y a un ins tant, et l'au ra lai ssé n'im por te où. Et c'est ain si cha que jour. Elle pa sse la moi tié de son temps à re cher-cher ce qu'elle a per du. Ce la ne se rait pas si elle sa vait re met tre tou te cho se au bon en droit.

On m'a caché mon mouchoir !

Tablier, natte, commode, mouchoir, clef.

Conversation sur l'image. — Pourquoi Berthe pleure-t-elle ? — Avec quoi s'essuie-t-elle les yeux ? — Comment s'appelle ce gros meuble tout à côté d'elle ? — Les objets qui sont sur ce meuble sont-ils rangés avec soin? — Et ceux qui sont sur le parquet sont-ils bien placés ? — Combien ce meuble a-t-il de tiroirs? — Que voyez-vous accroché au mur?

L'ENFANT ET LE CHAT

Tout en se promenant, un bambin déjeunait
De la galette qu'il tenait.
Attiré par l'odeur, un chat vient, le caresse,
Fait le gros dos, tourne et vers lui se dresse.
Oh! le joli minet! Et le marmot charmé
Partage avec celui dont il se croit aimé.
Mais le flatteur à peine obtient ce qu'il désire,
Qu'au loin il se retire.
« Ha! ha! ce n'est pas moi, dit l'enfant consterné,
Que tu suivais, c'était mon déjeuné. »

GUICHARD.

Le Bourdon et l'Abeille

« Viens donc avec les moucherons,
Disait le bourdon à l'abeille;
Au vieux jardinier, dans l'oreille,
Pour rire, nous bourdonnerons.
— Laisse ce brave homme à son ouvrage,
Dit l'abeille. Il soigne nos fleurs. »
Les fainéants aux travailleurs
Devraient épargner le tapage.

Ch. Marelle.

(*Le Petit Monde*. Fischbacher, éditeur.)

JEANNOT, LE LAPIN

Jeannot est un lapin tout blanc, blanc comme de la neige, avec un petit museau rose ; il a deux longues oreilles semblables à des cornets de papier, qu'il dresse parfois avec fierté. Il a les yeux vifs mais doux. Jeannot est un lapin gâté. Julia, sa petite maîtresse, a mille attentions pour lui. Elle ne le laisse manquer de rien : feuilles de choux, feuilles de salade, herbes tendres de toutes sortes, emplissent sa niche. Julia aime beaucoup son Jeannot. Je crois que Jeannot lui aussi aime bien sa gentille maîtresse. Il la reconnaît quand elle approche ; il l'entend quand elle l'appelle et mange sans peur dans sa main.

Julia aime beaucoup son Jeannot.

Oreille, queue, hotte, herbage, garenne.

Conversation sur l'image. — Combien voyez-vous de lapins ? — Celui que Julia tient dans ses bras paraît-il content ? — Comment le montre-t-il ? — Où le second se retire-t-il ? — Pensez-vous que ce soit leur niche ? — Les lapins vivent-ils ordinairement en pleine liberté dans les champs ? — Comment s'appellent ceux qui vivent dans les bois ? — Comment Julia est-elle assise ? — En quelle saison peut-on ainsi s'asseoir sur l'herbe ?

LES ÉPIS

Quel ques mai gres épis dans un ri che fro ment
Avec or gueil le vaient leur tête al tière,
Et mé pri saient in so lemment
Ceux qui la pen chaient vers la terre.
Un gros épi dit à tous ces hau tains :
« Vous se riez sans doute moins vains,
Si votre tête trop lé gère
Comme la nô tre était plei ne de grains. »

DEVILLE.

Le Chant de l'Oi seau

L'Oi seau nous dit dans ses chan sons :
„Vite au tra vail, le so leil brille ;
„Dans les fo rêts, dans les bui ssons,
„Les fau vettes et les pin sons
„Font re ten tir leurs joy eux tri lles.„
L'Oi seau nous dit dans ses chan sons :
„Le so leil dore la cam pagne.
„Au tra vail, fi llet tes, gar çons
„Pour qu'en vos fu tu res moi ssons
„La vic toire vous a ccom pa gne.„

J. Auneau.

LA MALPROPRETÉ

Adol phe est déjà un grand gar çon ; il a pres que cinq ans ; ce pen dant il se con duit co mme s'il é tait en co re bé bé. Le ma tin quand sa mè re lui fait sa toi let te, il crie de tou tes ses for ces : il ne veut pas d'eau froi de ; si on lui pré sen te de l'eau chau de, il la trou ve trop chau de. Il a ho rreur de l'eau. A dol phe man que de cou ra ge. L'eau froi de sur la fi gu re, sur tout le corps fait du bien ; elle rend pro pre et pro cu re la san té. Un en fant dont la fi gu re est sa le ou les mains mal pro pres est tou jours vi lain. On ne peut l'em bra sser.

Il a horreur de l'eau.

Eponge, bassine, cuvette, chemise, gilet.

Conversation sur l'image. — Qu'est-ce que la maman tient à la main ? — Adolphe paraît-il joyeux ? — S'approche-t-il avec plaisir de sa mère ? — Pourquoi n'est-il pas habillé complètement ? — Ses cheveux sont-ils peignés ? — Comment est-il chaussé ? — Dans quoi la maman prend-elle de l'eau ?

LA PREMIÈRE FEUILLE

C'est le printemps qui vient d'éclore :
La ruche va s'emplir encore ;
Les blés couvriront les sillons ;
Au souffle d'une douce haleine,
Toutes les roses de la plaine
Balanceront des papillons ;
Frais gazons, brises parfumées,
Bruit d'abeilles dans les ramées,
Oiseaux que l'hiver exila,
Fruits à l'arbre, fleurs dans la mousse,
La première feuille qui pousse
Amène à la fois tout cela.

H. Violeau.

La renoncule et l'œillet

La renoncule, un jour, dans un bouquet,
Avec l'œillet se trouva réunie.
Elle eut, en un moment, le parfum de l'œillet :
On ne peut que gagner en bonne compagnie.

Béranger.

LA BRUTALITÉ

Au gus te est un gros jouf flu qui a de bons bras et de gros ses jam bes. Il sait qu'il est fort, et trop sou vent il le mon tre ru de ment à ses pe tits ca ma ra des. Il est de ve nu la ter reur de tous. Au jeu, si on lui ré sis te, il bous cule, il fra ppe, et prend tou jours la pre miè re pla ce. Mais un jour qu'il ve nait de mal me ner de plus pe tits que lui, il se trou va en pré sen ce d'un ca ma ra de grand et fort qui le sai sit par le bras et le re pou ssa vi ve ment au der nier rang. Au gus te com prit que la bru ta li té est o dieu se, et se pro mit de ne plus a bu ser de sa for ce.

Auguste comprit que la brutalité est odieuse.

Rixe, boxe, méchanceté, cravate, nœud.

Conversation sur l'image. — Qui paraît le plus fort des deux ? — Reconnaissez-vous Auguste ? — N'a-t-il pas ce qu'il mérite ? — Est-ce bien de battre un camarade ? — Ces deux enfants sont-ils habillés de la même façon ? — Dites en quoi leurs vêtements diffèrent ?

LA LINOTTE CHEZ LES PIERROTS

Une jeune linotte, tombée de son nid et perdue dans le bois, avait été reçue par une famille de pierrots. Elle eut bien, pour commencer, quelque chagrin de ne plus voir sa mère, son père et ses frères et ses sœurs, mais sa tristesse dura peu. Elle fit vite la connaissance de ses nouveaux amis. Avec eux les journées se passaient dans la joie. Ce n'étaient que courses à travers la campagne, fêtes dans les jardins et les vergers, jeux dans les arbres. Notre jeune linotte, d'abord peureuse et timide, devint bientôt hardie et pillarde, autant que ses compagnons. Mais un jour qu'elle s'était trop aventurée, elle fut prise dans des filets tendus pour protéger des semis. On la crut pierrette, et on la traita comme une pierrette.

Elle fut prise dans des filets.

Linotte, oiseau, filet, jardinier, pierrot.

Conversation sur l'image. — Pourquoi cet oiseau ne peut-il s'envoler ? — Ne semble-t-il pas désolé ? — Qui est-ce que cet homme là-bas ? — Ne paraît-il pas plus petit que l'oiseau ? — Pour quelle raison ? — Nommez un oiseau gros comme une linotte ? — Pourquoi le jardinier avance-t-il mécontent ? — Que distinguez-vous encore dans le jardin ? — Comment est vêtu le jardinier ? — Croyez-vous qu'il fasse chaud en ce moment ?

RÉCAPITULATION

A B C D E F G H I J

A B C D E F G H I J

K L M N O P Q R S

K L M N O P Q R S

T U V X Y Z

T U V X Y Z

Vignette extraite des *Lectures choisies d'auteurs français* de Martin-Lemoine (Cours élémentaire).

Paris. — Imprimerie Alcide Picard, 192, rue de Tolbiac. — E. C. C. 4-08.

www.ingramcontent.com/pod-product-compliance
Lightning Source LLC
LaVergne TN
LVHW010057230826
846091LV00005B/1971